QING SHAO NIAN KE XUE TAN SUO YING

青少年科学探索营

神奇探索之路

何水明 编著　丛书主编 郭艳红

人类：解密隐藏的奥秘

汕头大学出版社

图书在版编目（CIP）数据

人类：解密隐藏的奥秘 / 何水明编著. -- 汕头：
汕头大学出版社，2015.3（2020.1重印）
　（青少年科学探索营 / 郭艳红主编）
　ISBN 978-7-5658-1669-7

Ⅰ. ①人… Ⅱ. ①何… Ⅲ. ①人类学－青少年读物
Ⅳ. ①Q98-49

中国版本图书馆CIP数据核字(2015)第026257号

人类：解密隐藏的奥秘　　　　　RENLEI：JIEMI YINCANG DE AOMI

编　　著：何水明
丛书主编：郭艳红
责任编辑：宋倩倩
封面设计：大华文苑
责任技编：黄东生
出版发行：汕头大学出版社
　　　　　广东省汕头市大学路243号汕头大学校园内　邮政编码：515063
电　　话：0754-82904613
印　　刷：三河市燕春印务有限公司
开　　本：700mm×1000mm　1/16
印　　张：7
字　　数：50千字
版　　次：2015年3月第1版
印　　次：2020年1月第2次印刷
定　　价：29.80元
ISBN 978-7-5658-1669-7

前　言

　　科学探索是认识世界的天梯，具有巨大的前进力量。随着科学的萌芽，迎来了人类文明的曙光。随着科学技术的发展，推动了人类社会的进步。随着知识的积累，人类利用自然、改造自然的的能力越来越强，科学越来越广泛而深入地渗透到人们的工作、生产、生活和思维等方面，科学技术成为人类文明程度的主要标志，科学的光芒照耀着我们前进的方向。

　　因此，我们只有通过科学探索，在未知的及已知的领域重新发现，才能创造崭新的天地，才能不断推进人类文明向前发展，才能从必然王国走向自由王国。

　　但是，我们生存世界的奥秘，几乎是无穷无尽，从太空到地球，从宇宙到海洋，真是无奇不有，怪事迭起，奥妙无穷，神秘莫测，许许多多的难解之谜简直不可思议，使我们对自己的生命现象和生存环境捉摸不透。破解这些谜团，有助于我们人类社会向更高层次不断迈进。

　　其实，宇宙世界的丰富多彩与无限魅力就在于那许许多多的难解之谜，使我们不得不密切关注和发出疑问。我们总是不断地去认识它、探索它。虽然今天科学技术的发展日新月异，达到了很高程度，但对于那些奥秘还是难以圆满解答。尽管经过古今中外许许多多科学先驱不断奋斗，一个个奥秘被不断解开，推进了科学技术大发展，但随之又发现了许多新的奥秘，又不得不向新问题发起挑战。

宇宙世界是无限的，科学探索也是无限的，我们只有不断拓展更加广阔的生存空间，破解更多的奥秘现象，才能使之造福于我们人类，我们人类社会才能不断获得发展。

为了普及科学知识，激励广大青少年认识和探索宇宙世界的无穷奥妙，根据中外最新研究成果，编辑了这套《青少年科学探索营》，主要包括基础科学、奥秘世界、未解之谜、神奇探索、科学发现等内容，具有很强系统性、科学性、可读性和新奇性。

本套作品知识全面、内容精炼、图文并茂，形象生动，能够培养我们的科学兴趣和爱好，达到普及科学知识的目的，具有很强的可读性、启发性和知识性，是我们广大青少年读者了解科技、增长知识、开阔视野、提高素质、激发探索和启迪智慧的良好科普读物。

目 录

人类的远祖探寻

探究人类的祖先

当人类产生意识的时候，也就开始了对自身由来以及自己祖先的探究。但是，在科学不发达的远古时代，人们只能把人类的产生归结于神的创造。19世纪以后，人类为弄清自身的由来，做了许多艰苦努力。

1809年，法国学者拉马克在《动物哲学》一书中首先向"上帝创造人类"的说法提出了挑战，他大胆断定人类起源于类人猿。1871年，达尔文在《人类起源与性的选择》中更进一步论述了人类的起源问题，明确指

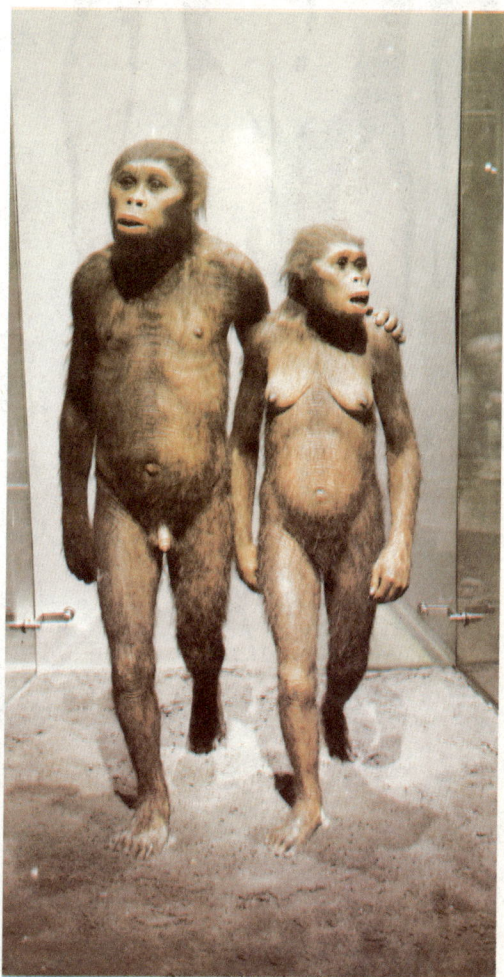

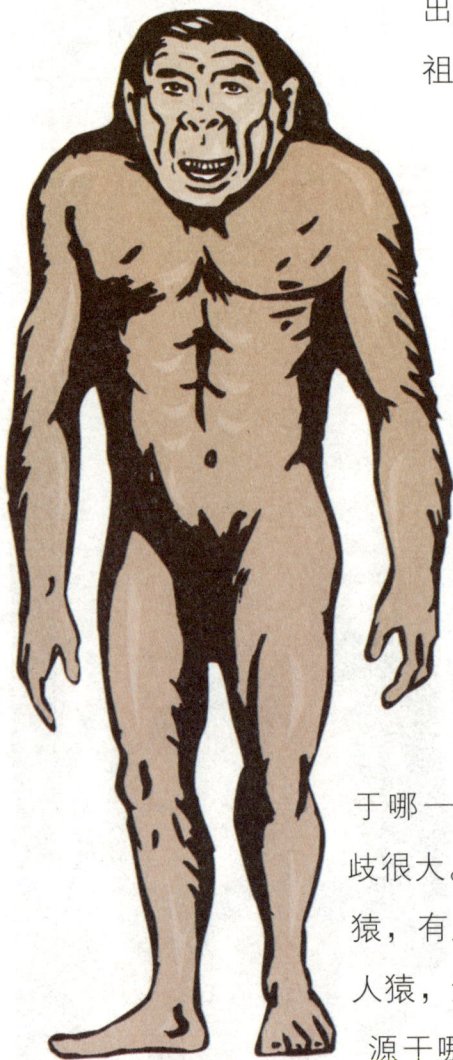

出人类和现在的类人猿有着共同的祖先，人类是从已经灭绝的古猿进化而来的。

1876年，恩格斯发表了《劳动在从猿到人转变过程中的作用》一文。他运用辩证唯物主义的观点，提出了劳动创造人类的科学理论。虽然人类在弄清自身由来方面取得了一些进展，但诸多假说仍有许多不能自圆其说的地方。

古人类学家的争论

古人类学家们在人类究竟起源于哪一种古猿的问题上众说纷纭，分歧很大。有人认为人类的祖先是西方古猿，有人说是南方古猿，也有人说是类人猿，还有人说是腊玛古猿。但究竟起源于哪一种古猿，直至现在都没有定论。原因是专家们所发现和搜集到的古代人类和猿类的化石数量极少，材料严重不足，因此只能根据少量的材料提出一些假说和推测，这必然会产生分歧。

引起争论的另一个原因是，即使是同一材料，以不同的理论为出发点，也会得出不同的结论。总之，从古猿转变到人类的漫长过程中，还存在着一些缺失的环节或空白区，只是还尚未被古人类学家们发现。

新的进化论

继达尔文的进化论之后，在20世纪60年代又产生了一种新的进化论，认为新物种的产生不是由渐变，而是由突变所致，这种观点已被古生物化石所证实。

法国科学家格鲁希认为，从遗传学的角度来看，猿变成人是突变的。任何生命形式，无论是低等的细菌还是万物之灵的人类，均通过遗传来保持自身的相对稳定性，同时又通过变异而得到进化。按照格鲁希的观点，有的古猿由于偶然因素产生了变异，以致少了一条染色体。之后它们与同类交配，在若干代后便

产生了有46条染色体的人类。

　　还有人提出，非洲南方古猿身体形态的突变，是在宇宙辐射能强烈变化的影响下发生的。地球的磁场好像保护层一样，阻止宇宙辐射能的渗透，这个保护层由于某种人们还不清楚的原因，有时会大大减弱，尔后发生磁极极性的交替，这种现象叫作地磁反转。在人类从猿类中分离出来的时代，发生了一次强大的地磁反转，引起地球上宇宙辐射能的急剧增加，从而促使特殊类型古猿体质的突变，从猿变成人。上述观点是否正确，尚有待进一步研究。

人类祖先进化路线

　　人类学家运用比较解剖学的方法，研究各种古猿化石和人类化石,测定它们的相对年代和绝对年代，从而确定人类化石的距今年代，以便将人类的演化历史大致划分为几个阶段。

遗传学家则运用生物化学和分子生物学的方法，研究现代人类、各种猿类及其他高等灵长类动物之间的蛋白质、脱氧核糖核酸的差别大小和变异速度，从而计算出各自的起源和分化年代。

目前，学术界一般认为，古猿转变为人类始祖的时间在700万年前。从已发现的人类化石来看，人类的演化可以分为以下四个阶段：

南方古猿阶段。已发现的南方古猿生存于440万年前至100万年前。它们最重要的特征是能两足直立行走。

能人阶段。200万年前至175万年前。最早的能人生存在190万年前，有明显比南方古猿扩大的脑,并能以石块为材料制造工具，以后逐渐演化成直立人。

直立人阶段。直立人化石最早是1891年在印度尼西亚的爪哇

人类进化示意图

南方古猿阿法种　南方古猿粗壮种　　能人　　　直立人　　　早期智人　　　晚期智人　　　现代人

发现的，当时还引起了是人还是猿的争论。直至20世纪20年代，在北京周口店陆续发现北京猿人的化石和石器，才确立了直立人在人类演化史上的地位。直立人的生存年代约为170万年前至20余万年前。

智人阶段。智人一般又分为早期智人和晚期智人。早期智人生活在20万年前至10余万年前，晚期智人的生存年代约始于10万年前。解剖结构已与现代人基本相似，因此又被称为解剖结构上的现代人。

延 伸 阅 读

1863年，英国学者赫胥黎出版了《人类在自然界的位置》一书，他应用比较解剖学和胚胎学等方面的科学成果，明确地阐述了人、猿同祖的观点。他认为，人类与黑猩猩等猿类的如此接近，表明人就是源于这类的动物祖先。

人类的真正祖先

骨头的重要意义

1856年8月的一天,在德国西北部的尼安德特河流域,一个工人在石灰岩矿里发现了一些骨头,他以为是穴居熊的骨头,就把它们收好并拿给约翰尼·佛罗特看。

佛罗特是当地的小学教师,一个热心的自然历史学家。佛罗特立刻意识到,这些骨头远非熊的骨头。它的头骨和人的头骨差不多大,但形状不同,其前额低平,眉骨隆起,鼻子大而突出,门牙很大,后脑勺突起。从所发现的骨骼来判断,它的身体也和

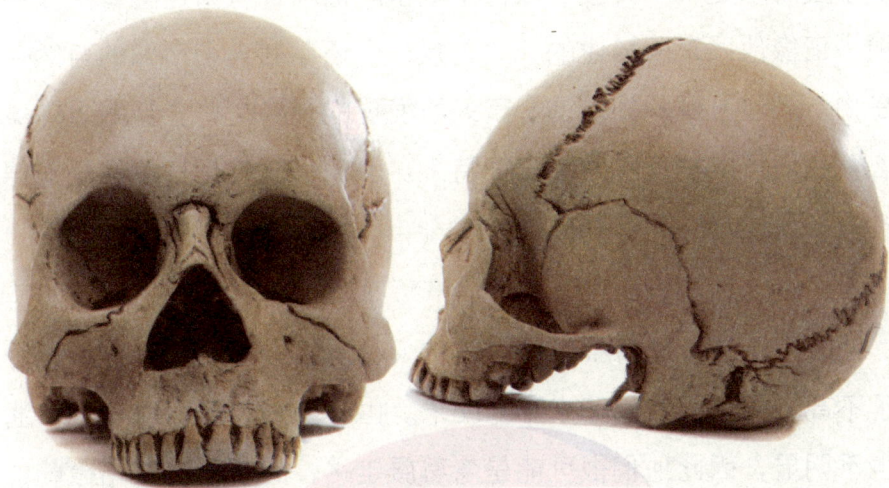

人相似，可能比一般的人要矮小和粗壮。

　　佛罗特认识到，这些骨头的重要意义在于它们是在远古时代的地质沉积物中被发现的。这位小学教师与附近波恩大学的解剖学教授赫尔曼·沙夫豪森取得了联系。他同样认为这些骨头很特别，正像他后来所描述的，"这是一个还不被人们所知的自然存在物"。沙夫豪森相信这个工人所发现的确实是一个新的人种类型，我们可以把它称为尼安德特人。沙夫豪森甚至推测，尼安德特人是现代人的古老祖先。

尼安德特人体形特征

　　根据现有资料判断，尼安德特人骨骼粗大，肌肉发达，但个子不高，男子只有1.55米至1.56米。由于身体较矮，脊椎的弯曲也不明显，因此他们很可能是弯着腰走路，跑步时身体略微朝向地面。

尼安德特人头骨的特征是：前额低而倾斜，好像向后溜的样子，眉峰骨向前突出很多，在眼眶上形成整片的眉脊。尼安德特人的脑部已经非常发达，脑容量约为1300毫升至1700毫升。尼安德特人使用较为进步的打制石器，过着狩猎和采集的生活。这表明，当时的人类在同大自然界的斗争中，自身已有了较大的发展。

自从1856年人们第一次发现尼安德特人的化石以来，尼安德特人一直是一个吸引公众兴趣的谜，对尼安德特人的各种猜测一直不断。从许多方面来看，尼安德特人都可称得上是原始人类研究中的恐龙。与恐龙一样，尼安德特人也是突然之间销声匿迹的，他们消亡的原因也一直是学者们争论不

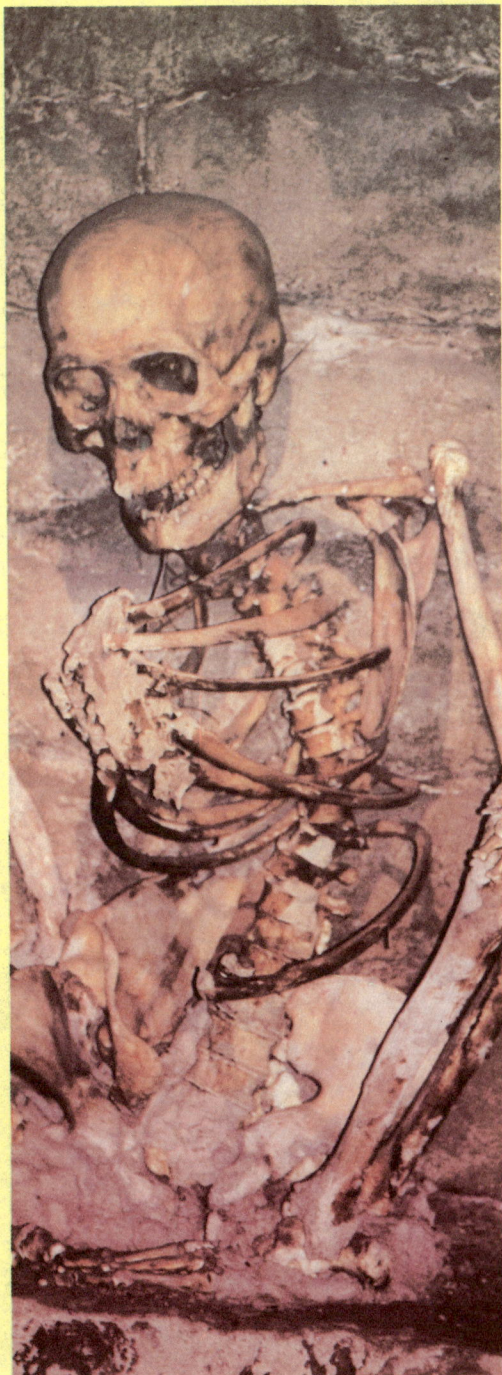

休的话题。但是，一些人对尼安德特人有许多的误解，他们往往把尼安德特人看作是陈旧过时的化身，把他们诽谤为因智力不足以应付环境的变迁而导致灭亡的低等人种。而实际情况是尼安德特人非常成功地面对恶劣气候的挑战，这段时间至少有20万年，比延续至今的现代智人还要长12.5万年至15万年。

科学家的分歧

当时最著名的病理学家鲁道夫弗吉尔在仔细检查了这些骨头后宣布，它们属于一种普通人类，也就是一种遭受了某种异常疾病的人类。其他专家都赞同此种说法。

19世纪末，大部分科学领域开始盛行达尔文主义。一些科学家，如法国的加布里埃尔·德·莫提里特再次查看了这些骨头，并坚持认为现代人类是从尼安德特人进化而来的。在法国、比利时以及德国发现的更多的尼安德特人遗骸也为此提供了依据。这些化石可以追溯到35000年前，这样，认为他们是病人或现代人的说法就站不住脚了。以另一位法国人马塞林·鲍尔为首的大多数科学家坚决拒绝承认尼安德特人是人类的祖先。鲍尔虽然

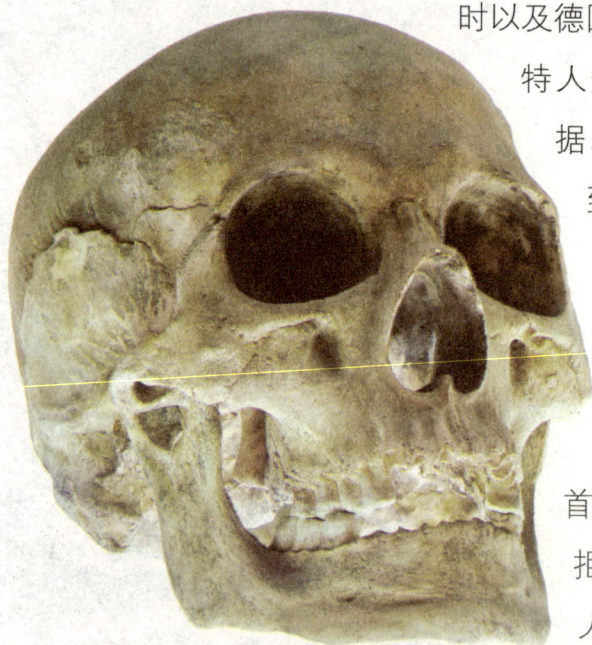

承认这些骨骼可能很古老，但他并不认为与人类有关。鲍尔辩驳道，与其说这个屈膝、粗颈、弯背的尼安德特人像人类，倒不如说它更像猿猴。他认为，如果现代人类与尼安德特人有任何关系的话，唯一可能的是，不管我们真正的祖先是谁，都不可能是这个退化的物种。

皮尔顿人是人类祖先吗

直至20世纪，鲍尔的追随者还把尼安德特人排除在人类祖先之外。原因在于他们能够提出自己祖先的另外一个候选人，这就是发现于1912年的著名的皮尔顿人。一位名叫查尔斯·道森的业余化石搜寻者在英格兰一个名为苏塞克斯的工地里发现了皮尔顿人骸骨，这一发现立即引起了轰动。但与尼安德特人不同，皮尔顿人的脑壳在很多方面都与现代人相似。

皮尔顿人虽然像猿猴一样的下巴看起来有些原始，但是他们顶部平平的牙齿更增加了人类的特征，这就是鲍尔宁愿承认他们为自己祖先的原因。

但问题在于皮尔顿人是一场骗局。有人把

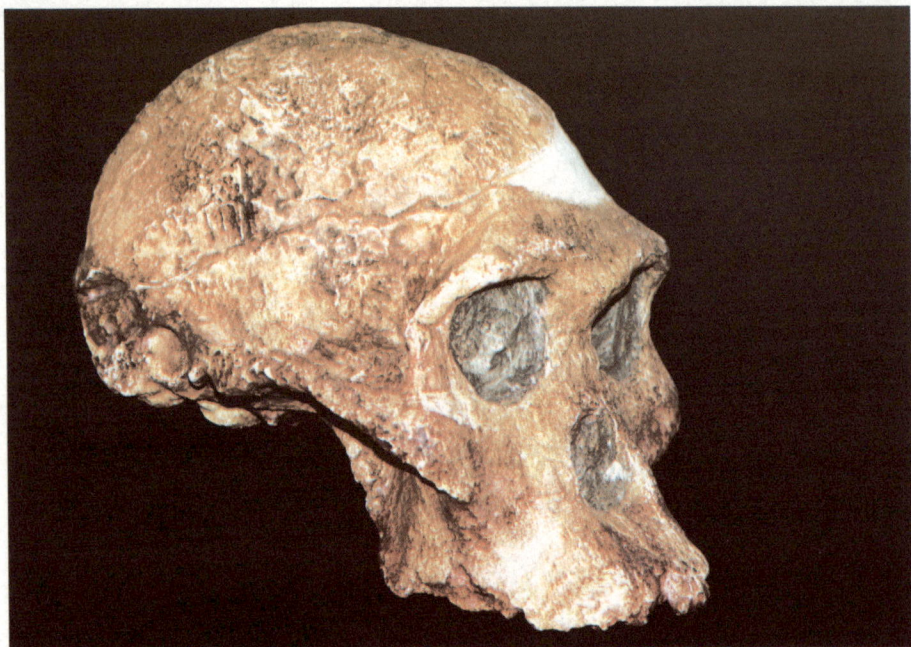

一个现代人的头骨与一个猩猩的下巴骨合在了一起，然后把它们弄污，锉平牙齿，使它们看起来好像很古老，使研究者们陷入圈套。直至1953年，科学家们才想到在显微镜下观察这些牙齿，牙齿的顶端被锉过的痕迹清晰可见。

延 伸 阅 读

尼安德特人是出现在欧洲的早期智人。直立人走出非洲后，约60万年前在欧洲演化出海德堡人，海德堡人又于约30万年前演化出尼安德特人。名称是因其化石在1856年被发现于德国杜塞尔多夫附近尼安德特河谷而得。

非洲东部的原始部落人

封闭的马赛族

非洲东部受到气候和地理环境的影响，很多地方一直处在非常封闭的状态，在那里生活着许许多多的原始部落。他们都有属于自己的生活习惯和服饰特点，甚至还用自己的语言和文字，形成了各部落不同的历史和文化。在埃塞俄比亚南部地区、奥莫低谷地区、还有肯尼亚地区等很多地方至今仍有部落保持着最原始的生活状态和最传统的文化习俗。

生活在肯尼亚的马赛族是当地的一支土著部落，他们主要分布在肯尼亚南部地

区，在坦桑尼亚北部的草原地区也有一些分支，他们说的是马赛语，相信万物有灵。现在的马赛人有50多万，他们是尼罗河游牧民族的传承者。虽然他们的生活还是很贫苦，仍然住在又黑又矮的茅草屋里，但可以看出，他们的生活正在逐渐地改变。

马赛人是什么样的

马赛族的男子身材高大，长相也很英俊，被西方殖民者称为"高贵的野蛮人"。他们的主要食物是牛羊肉以及奶，玉米粥也是他们的主食之一。他们生活的地区经常会有狮子、大象和豹子等野兽出没，由于常年和野兽共生共存，这使他们和野兽之间形成了一种默契，平时并不相互干扰。

马赛人从不透露他们的牛羊数目，他们生活的村子就像军营，居住很集中。他们的屋子很低，因为没有窗户，屋子里的光线很不好。马赛人喜欢穿鲜红的长袍，据说可以驱兽防身。对于牧人来说，红色就像火焰一样，是力量的象征。

马赛人是世界上最能行走的人，他们经常步行去离部落10多千米之外的市场，也会为了给自己的牛羊寻找美味的牧草，走上几天几夜。这也许是由于长期的游牧生活锻炼了他们。他们是东非地区现存的最有特色的少数民族之一。

现在的马赛族

马赛人曾流传着一个古老说法："我们右手持长矛，左手持圆棍，就不能再拿书本了。"但随着时代变迁，很多马赛人的习俗已发生了很大变化。现在大多数马赛人的孩子都去附近的学校上学读书。在肯尼亚政府大力推进保护野生动物的过程中，马赛男子的成人礼也不再是杀死一只狮子，而是尽可能多地养牛。每养10头牛，才能娶一个妻子，因为马赛人实行一夫多妻制。

现在的马赛族已经成为旅游的景点，当人们进入他们的部落时，所有的孩子都会围拢过来，表现十分热情和亲昵，他们都赤着脚，大点的孩子背着小点的孩子。由于事先付了费用，游客

还会被邀请到部落首领的家里进行参观。他们的生活条件还很艰苦，连像样的床被都没有，他们吃饭的餐具是用了很久的搪瓷缸子。这显然和现代的生活完全联系不到一起。马赛人仍然生活在古老的原始时期。但从他们满足的笑脸里可以看出，物质生活的缺乏并没有阻挡他们快乐的脚步。

延 伸 阅 读

马赛人的村庄是由泥土堆砌而成，排成圆环，圆环外用带刺的灌木围成一个很大的圆形篱笆，每个村庄可容纳4至8个家庭及其牲畜。这些屋子像倒扣的缸，开着一个很小的门，人只有弯腰才能进去，这样，主人可以在家里方便地刺杀试图进入屋内的敌人。

远古时代的扎赉诺尔人

考古发掘

扎赉诺尔位于我国内蒙古自治区满洲里市以东、海拉尔市以西。

从1927年开始，在扎赉诺尔的地下陆续发掘出多处新石器时代的文化遗址。

1933年，扎赉诺尔煤矿副矿长顾振权首先发现了一个人类头骨，日本古人类学家远藤隆次将其命名为"扎赉诺尔人"。

1943年，日本考古学家嘉纳金小郎发现了第二号人类头骨，1944年我国考古学家裴文中又发现了第三号人类头骨。

1973年以后，考古学家又

连续发现了12个人类头骨和完整的猛犸象骨架等。同时，考古学家还发现了箭头、圆头刮削器、石叶、石片、石核，以及野牛、马、鹿和羚羊等化石。

经科学测定，距今约11000多年前，就已经有人类在这一带劳动、生息和繁衍。但有些学者认为，由于发掘时的地层混乱，具体年代尚待进一步研究，可能属于中石器时代。

体质形态

经过对扎赉诺尔人头像的复原，我们可以大略看出他们的头部形态，即颧骨突出，门齿呈铲状，眉弓粗壮，这是典型的原始黄种人的特征。

古人类学家认为，在晚期智人阶段即"新人"、"真人"阶段，原始人的体质形态与现代人类已没有多大区别了。现代世界上三大人种，黄种即（蒙古利亚人种）、黑种即（赤道人种）、白种即（欧罗巴人种）在这个时期已经形成。

三大人种相互间的区别只是外在的标志，至于智力和体力，则一切人种都是一样的。关于三大人种形成的问题，是很复杂而且至今还没有得到最后彻底解决的大问题。

劳动技巧

原始扎赛诺尔人在石器的制造和加工方面有了较大的进步，已具有较高的劳动技巧和活动能力。他们改善了打击、琢刻、压削和修理石器的方法，因而制造出的石器更加多样，也更加精细美观，对称均匀，锋利适用。特别重要的是他们已学会制造复合工具和复合武器，如在木棒上装上石矛的矛、装上木棒的鱼叉、装上木柄的石斧等。

他们尤其善于把精制的石片嵌入骨柄中，制成带骨柄的刀或锯，适于剥削兽皮或树皮。他们懂得利用骨针和骨锥，把兽皮缝制成衣服，不再完全赤身裸

体了。制陶术的发明是扎赉诺尔人处于新石器时代的重要标志之一。他们把一团黏土做成陶坯，然后再用火烧制成陶器。陶器的出现便于储存液体，并且使他们有了煮熟食物的器具，是他们生活中一大进步。

起源问题

许多学者都认为，细石器文化起源于贝加尔湖边，由于天气变冷而向南传播，因此扎赉诺尔人是从贝加尔湖边迁移来的。

但是，也有不少学者对此种说法持怀疑和否定态度，他们认为扎赉诺尔人是从我国南方迁移去的。究竟孰是孰非？

远古人类在什么地方

"扎赉诺尔人"究竟是从哪里来的？又到哪里去了？许多学者认为，扎赉诺尔很可能是原始黄种人迁徙的中转站，东往朝鲜、日本迁移，成为朝鲜人和日本人的祖先。

　　日本唯一的少数民族，即阿伊努人，生活在日本北海道地区。他们的体格特征明显地异于日本人，他们身材比日本人稍矮，肤色淡褐，头发黑色呈波状，有着类似高加索人种的面孔，体毛发达。有专家研究了阿伊努人的历史后认为，他们的祖先就有可能是"扎赛诺尔人"。阿伊努人的血型是特殊的，任何民族都没有。专家们认为，即使在数十亿属于黄色人种的人当中，偶然出现几万个具有白种人生理特征和遗传特征的人也是不大可能的。

阿伊努人的传说

　　据传，在远古时代，勇敢智慧之神曾降临日本北海道的北部，他那闪亮的金属飞船白天呈银灰色，夜间却是火红的。当飞船升上天空时，发出雷鸣般的巨响。这位大神在人间停留了几个春夏秋冬，教给人们务农、做工、艺术和智慧。

　　他传授给阿伊努人一部关于道德和社会准则的法典，然后就

"乘坐他的飞船向星星飞去,永远地消失了"。

阿伊努人怎么能够编造出一个金属飞船的故事呢?他们怎么能够知道它能够飞上星星呢?阿伊努人的祖先是什么时候出现在亚洲的呢?他们真的是"扎赛诺尔人"吗?

这些仍然是无法解开的谜,如果这些谜能够得到准确的答案,就有利于进一步去解开黄种人的起源和迁徙之谜,以及美洲印第安人最早祖先之谜。

延 伸 阅 读

1982年,在我国内蒙古满洲里地区扎矿煤层上部地层中先后发现16个人头骨化石及大量的人工制品、古生物化石,证明了在10000多年以前,满洲里地区曾是扎赛诺尔人生活和栖息的故乡,是中华民族古老人类的摇篮之一。

人类的文明存在过吗

多处发现人脚印

20世纪30年代，美国贝利欧学院地质系主任保罗博士曾在肯塔基州的一处山上发现了10处40个完整的人类脚印，其中有的脚印甚至存在于距今2.5亿年前的原生代沙石海岸的石炭纪沙石中，令人甚是不解。

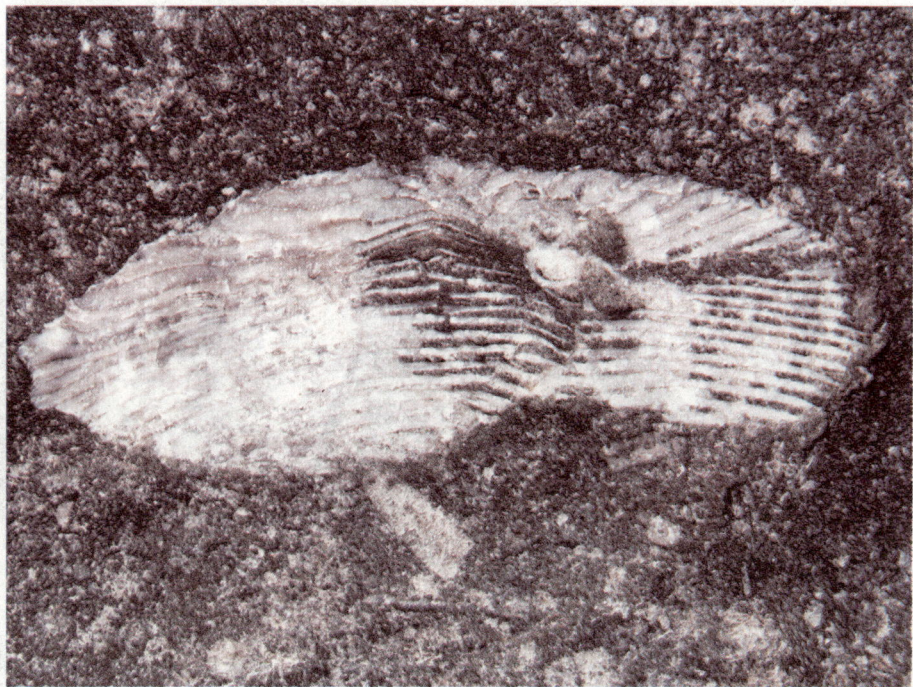

　　1968年6月1日，自称为"岩石狂"的赫克尔公司监察人梅斯特和妻子、两个女儿与朋友的家人到犹他州德尔塔西北约1600米的"羚羊喷泉"度假时，发现了一些三叶虫化石。当梅斯特将化石敲开时，不由大吃一惊，他发现岩石断面中央有一个人的脚印，在脚印中间踩着一个三叶虫。

　　令人不解和好奇的是，这个人竟穿着凉鞋！经过测量，这个右脚凉鞋印比现代人的鞋印大得多，长有0.26米，前端宽0.09米，后跟0.08米宽，后跟深度比前端深入0.003米。

　　1988年8月，美国犹他大学教授、地质学家柯克承认盐湖城公立学校的一位教育学家比特先生也曾在同一地区发现过两个踩着三叶虫的凉鞋印。柯克说："这些标本是那么明确，令人无法怀疑，这实在是对传统地质学的严重挑战。"

　　凡是读过达尔文进化论的人都知道，人是由哺乳类、灵长类进化而来的。在现代进化论的观念中，猿人是在100万年前开始站立起来的，可是，三叶虫却是5亿年前的低等生物，在那时，别说猿人了，就是猴子、熊等一些动物都没有产生呢，何来的人呢？

　　人类学家将面临着一个难题：5亿年前，究竟是一种什么样的人，在我们这个地球上迈着雄健的大步在行走呢？有人认为，这或许是我们更早人类留下的遗踪。

沃尔福斯贝格六面体

　　1885年11月1日，在奥地利沃尔福斯贝格，一位工人在敲打

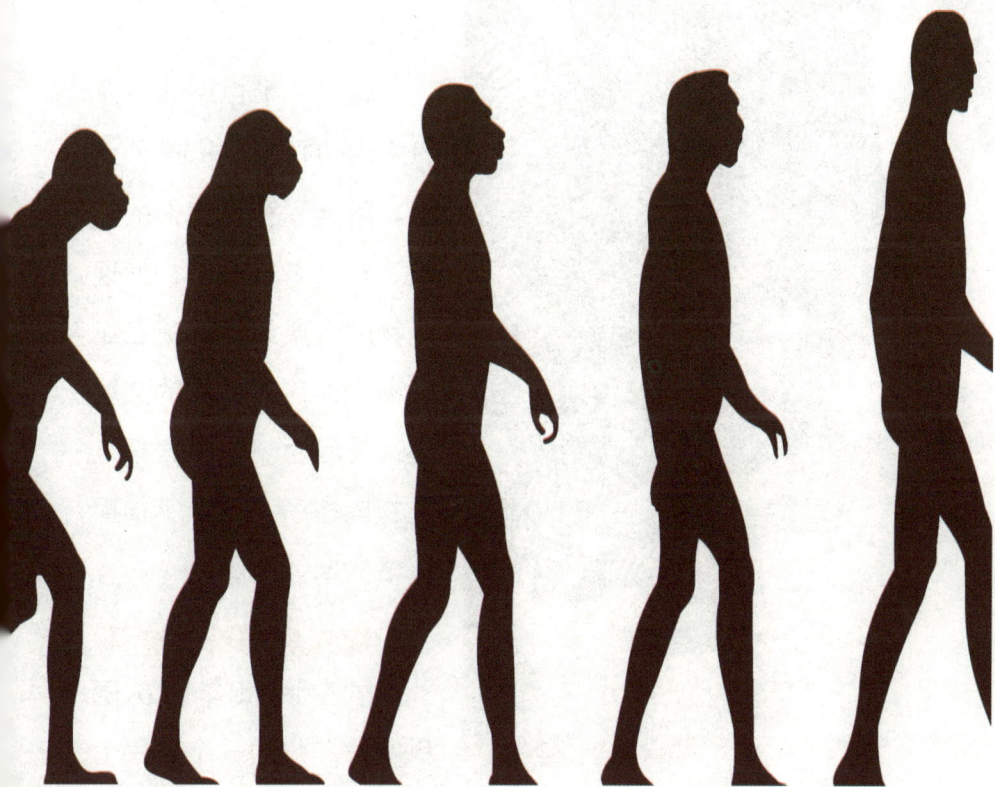

坚硬的褐煤时，从里边滚出一个闪闪发光的东西，它似一个平行六面体的金属物，体积是0.067米×0.062米×0.047米。

它两面隆起，四周环贯以深槽，形状规则。从其表面看，就像一个很古怪的鼻烟壶，它很显然是经过智能生物用双手加工过的。

后来，维也纳有一家有名望的报纸报道了此事，引起了科学家们的注意。经过考查证实，发现此物的煤层属地球第三纪时期，而这时地球的文明远远没诞生。科学家把这个物体命名为"沃尔福斯贝格六面体"。

煤炭里的铁铸嵌环

早在1880年，美国科罗拉多州的一个农民上山挖到一块煤炭，当他把煤块凿开时发现里边有一枚铁铸嵌环。后来据考证，这块藏有嵌环的是从地下45米处挖出来的，而这个煤矿区的成煤年代距今大约有7000万年。

而科学家们一直认为，7000万年前人类还没出现呢！以上的现象说明了什么？是不是说人类在地球上早已存在几千万年了？这个一直令人类迷惑不解的谜，依然使人类迷惑着。

古文明遗迹的发现

越来越多的古文明遗迹让考古学家感到迷惑不解。

科学家在非洲加蓬奥克洛铀矿发现了一个20亿年前的核反应

堆；在古印度遗迹中发现的佩饰、服饰所含放射能是正常情况下的50倍，这表明是核袭击的结果。而人类近几十年才开始掌握核技术，那以前的核技术是谁发明和应用的呢？

在秘鲁珍藏着一块30000年前的石刻，石刻描绘一位古印第安学者手持一个跟现代望远镜非常相似的管状物贴近眼前观测天象。而人类第一架望远镜是在17世纪中期才发明的，至今不过300年，30000年前的望远镜又是从何而来？

对于上述古代文明，许多考古学家都深感蹊跷，谜题难解。他们认为是外星人所为，绝非近代人类或古代某一个时期的人类所能做到。

16世纪时，秘鲁的西班牙总督弗朗西斯哥·德·托列多在他的办公室中放着一块从里边露出0.18米长铁钉的岩石，而这块岩石是从附近一个采石场开采出来的。正因为它来历不明，而被西班牙总督所看重。

瑞典学者的看法

瑞典学者丹尼肯在其代表作《众神之车》中把这一切不可思议的谜一概归之于神，他认为是"神来到了地球，把人猿变化为人，并教会人识字，吃熟食，穿衣服，会建筑等之后，才离开地球"。并且他预言，神将在不久的将来还会重来。

许多比较严肃的科学家，并没有轻信丹尼肯的理论。因为，虽然经过长期、大量的工作，但是至今未能发现

外星人存在或来过地球的有力证据。对于丹尼肯理论，目前在世界上依然是毁誉参半褒贬不一。也就是说，人类早期文明的谜底至今仍然没有揭开。

延 伸 阅 读

在发掘爱尔兰栋拉雷和恩尼斯古城堡时，发现了只有核爆炸才能留下的遗迹；在古埃及金字塔内发现那些裹着的尸体放射着粒子和光子射线。这一切都表明，在人类文明之前，早已有了其他文明社会的存在。

人类文明曾被毁灭过吗

地球上的文明

考古和种种难以破解的迹象表明，地球上曾有过一次人类文明，否则，许多现象将无法解释。

就拿金字塔来说，它就不一定是古埃及人建造的，因为在北美、南美，甚至百慕大也发现了金字塔。有人猜测说是外星人建

造的，可也没什么根据。

在南美洲发现一条离地面250米深、数千米长的隧道系统，通往隧道的秘密入口由印第安人的一个部落把守着。隧道的穴壁光洁平滑、顶部平坦。有些宽的地方，竟如喷气式客机的停机库那么大。

其中有个宽153米，长164米的大厅，里边放着一张桌子和7把椅子似的家具。

家具的材料很奇特，像石头，但不像石头那样冰凉，像塑料，但又像钢一样坚硬、笨重，而且显然也不是木头。在椅子后边还有一些动物模型，如蜥蜴、大象、狮子、鳄鱼、老虎、骆驼、猴子、野牛、狼、蛇和螃蟹。

大厅里还有许多金属叶片，大多约1.1米长，0.5米宽，0.012米厚，一页一页地排列着，就像装订的书，共发现有3000片左右，每片上都书写着符号，好像是用机器有规律地压印上去的，这些符号没有任何人能看得懂。

在佛罗里达州、佐治亚州和南卡罗群岛一带海底，人们还发现了一条路面宽广平坦的街道。

在亚洲的科希斯坦山区，也有一幅洞穴画，上面描绘着10000年前各个星座的确切位置。画中还把金星和地球用线条连接起来。

在蒂亚瓦纳科发现一座巨大雕像，由独块红砂岩雕成，重20000千克。雕像的符号准确记载了27000年前的天体现象。

科学家的推论

在神秘的古埃及，有许多诸如金字塔和法老魔咒等人类难以解释的现象。

然而，这还不够，人们又在古墓里发现了长明电灯和远古彩色电视机。

在古埃及金字塔建筑群中，规模最大、最高的一座是距今有4600

年，在开罗近郊吉萨建造的古王国时期第四王朝法老胡夫的陵墓，该金字塔内结构极为复杂和神奇，里面装饰着雕刻和绘画等艺术珍品。

让人感到奇怪的是，在漆黑不见五指的墓室和通道里，这些精致的艺术作品是靠什么照明来进行雕刻和绘画的呢？

假如让我们猜想的话，在远古时代中火把或油灯一定是自然而然的照明用具了。

但是，当时如果真的是使用火把或油灯，那么，在里面一定

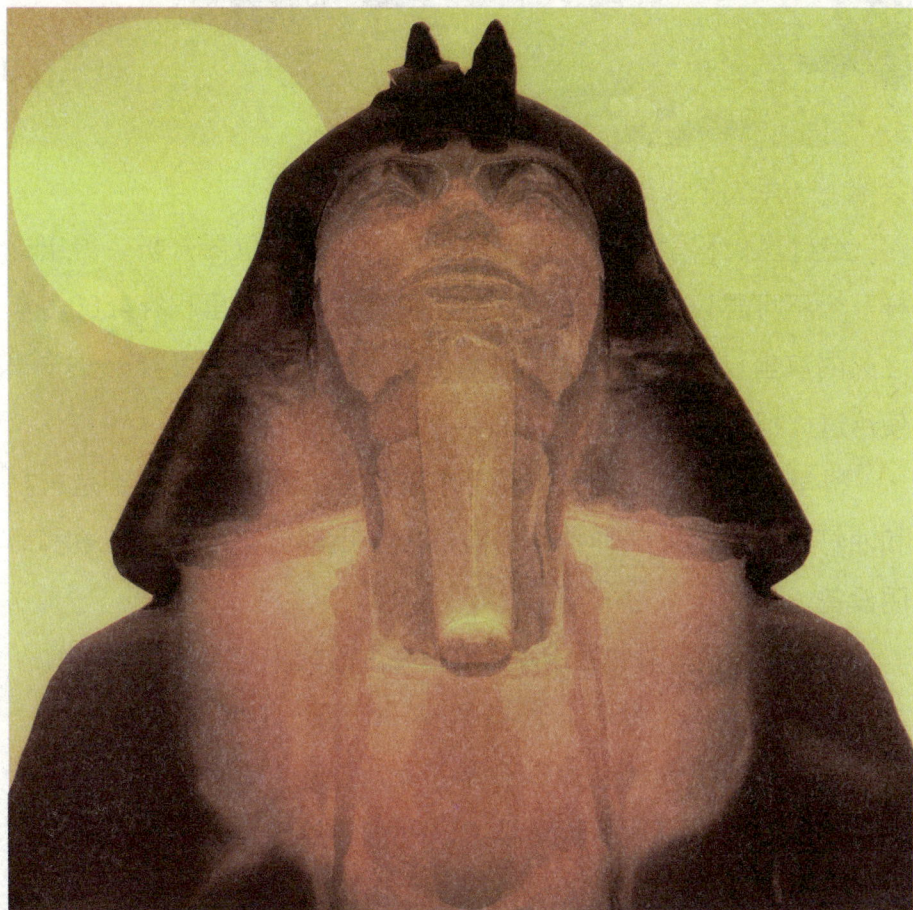

会留下一点火把或油灯的痕迹。

经过现代科学家用世界上最先进的现代化仪器分析，得出这样一个不可思议的结果。那就是，在墓室和通道里积存4600多年之久的灰尘，经全面细致的科学化验分析，竟没有发现一丝一毫使用过火把和油灯的痕迹。

科学家们猜想，给古埃及艺术家们提供照明的根本不是火把和油灯，而是另外某种特殊的能够发出足够光亮的电气装置和照明设备。

距今4000多年前的古埃及人难道知道现代电灯照明的原理吗？

一些科学家们推论，所有的这一切都出自同一智能生物之手，这种智能生物曾经遍布世界各地，曾经主宰过世界，曾经有过高度的文明和发达的科学技术。他们在航天、航海、天文、数学和机械等许多方面和我们今天的水平不相上下。

也就是说，地球上曾经至少出现过一次人类文明，其程度不一定低于当今。后来，由于剧烈的地质运动，突然的气候变化，或是一场人为的战争，把当时的人类整个毁灭了，文明也随之消失，留给后世的仅是难以被自然的力量彻底毁灭的少量文明的遗迹。

人类居住的地球已有50亿年的历史，远在6亿年前就出现了生命。难道只有两三百万年前人类才有条件诞生？在此之前就不可能产生智能生物吗？

书中记载的核战争

一部著名的古印度史诗《摩诃婆罗多》，写成于公元前1500年，距今有3500多年了。而书中记载的史实则要比成书时间早2000年，就是说书中的事情是发生在5000多年前的事了。

此书记载了居住在印度恒河上游的科拉瓦人和潘达瓦人、弗

里希尼人和安哈卡人两次激烈的战争。

令人不解和惊讶的是，从这两次战争的描写中可以看出他们是在打核战争！

在现代人看来，那是原子弹爆炸后产生的威力。

在原子弹还没有产生的年代，许多学者一直认为此书中的那些悲惨的描写是带"诗意的夸张"。

可是到了美国在日本广岛和长崎投下两颗原子弹之后他们才恍然大悟，这些描写就似原子弹爆炸目击记录一样准确。

是核爆炸的结果吗

后来考古学家在发生上述战争的恒河上游发现了众多的已成焦土的废墟。这些废墟中大块大块的岩石被黏合在一起，表面凸凹不平。要知道，能使岩石熔化，最低温度需要1800度，一般的大火都达不到这个温度，只有原子弹的核爆炸才能达到。

物理学家弗里德里克·索迪认为："我相信人类曾有过若干次文明。人类在那时已熟悉原子能，但由于误用，使他们遭到了毁灭。"这可能吗？大部分科学家们认为这仅是一种附会，是不能令人信服的。

有人根据考古发现的20亿年前的核反应堆推断，可能20亿年前地球上存在过高级文明生物，但不幸毁灭于一场核大战或特大的自然灾害。他们认为，6500万年前恐龙的灭绝便是一个例证。

历史资料佐证

有趣的是，美国国家航空和航天局盖·福克鲁曼博士等人根据阿波罗计划所掌握的小天体撞击月球的历史资料，通过对小天体撞击地球图样的研究实验，证实了上述观点的可靠性。

研究认为，约35亿年前至45亿年前，地球上曾数度有过生命，但由于发生过几次大小行星和陨石与地面相撞，小行星的撞

击速度可达每秒约18千米。除了如此大规模的撞击外，还时常发生中等规模的撞击，这些撞击都可能使地热上升，海水蒸发，地表表面熔化，生命消失。只有那些生活在深海海底的生命体才能生存下来。目前在深海海底发现的生物，也许是地球整个生命的祖先。

人们的假设

假设地球上的人类发生了人口大爆炸，整个生态失去了平衡，各种资源枯竭，或是各国都在进行军事扩张，大量制造、贮备核武器，有那么一天，某个战争疯子发动战争，引爆这些核武

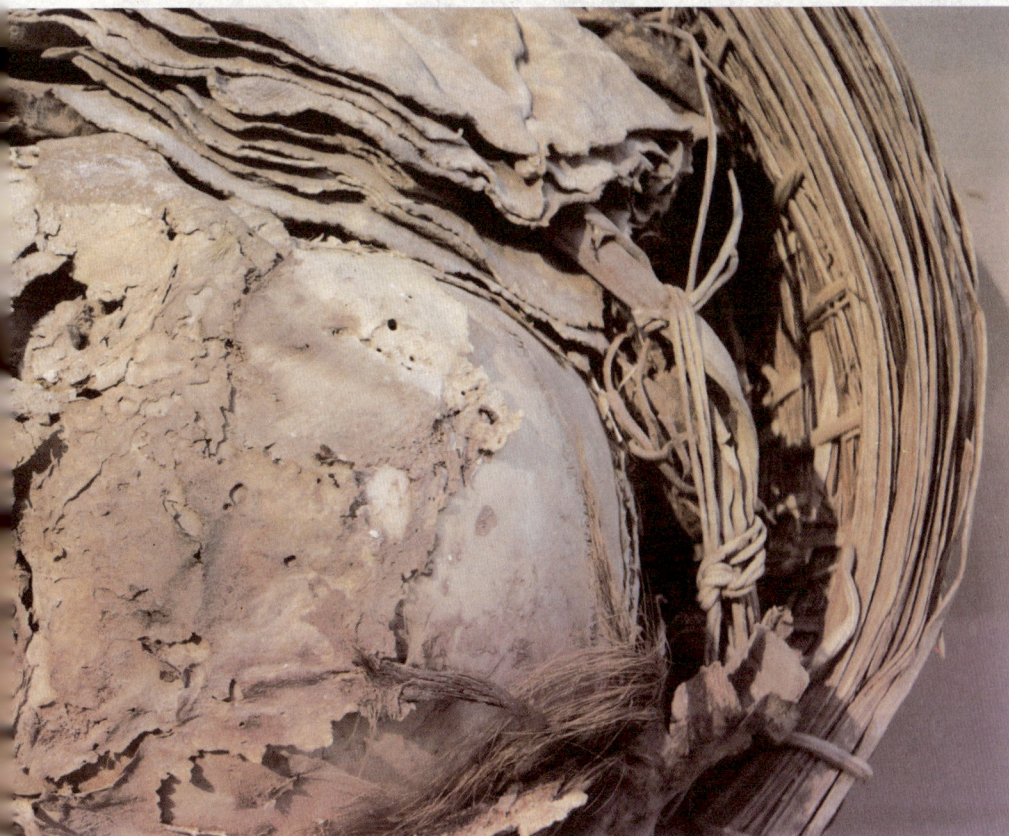

器，地球就会成为人类的墓场。很多年后，地球再次适应人类生存时，他们也许又开始从新的原始社会、奴隶社会、封建社会……一直向进步的社会发展。

延 伸 阅 读

1844年，秘鲁人在金属锌采矿场的坚硬岩石中发现了一根0.03米长的铁钉，不过它已经生锈了。

1852年12月，在英国格拉斯哥矿井中开采出来一个嵌有形状奇特的铁器的大煤块。

蒙古族的起源揭秘

特殊的民族

我国蒙古族是有悠久历史和灿烂文化的民族，传说中的蒙古族人已有3000多年的历史。有文字记载的也有1000多年的历史。蒙古族是一个既神秘而又特殊的民族，这个民族古代时生活在大漠地带，在世界历史上曾产生过巨大影响。目前，在学术界已经形成了研究蒙古族历史和文化的世界性学科"蒙古学"。大家关

注的焦点则是这个民族的起源问题。

文献资料的记载

据《史记》记载，蒙古族属东胡族系。公元前209年，东胡被匈奴冒顿单于所破，东胡诸部在匈奴人统治下长达3世纪之久。1世纪末至2世纪初，匈奴为汉朝所破，东胡人的一支鲜卑人自潢水流域转徙其地，剩余的匈奴人也都自称为鲜卑，鲜卑自此强盛起来。4世纪中叶，居住在潢水、老哈河流域一带的鲜卑人的一支，自称为"契丹"，居住于兴安岭以西，即今呼伦贝尔地区的鲜卑人的一支，称为"室韦"。

蒙古族就是室韦人的一支，在唐朝时已有记载，称为"蒙兀室韦"。蒙古族最初只包括捏古斯和乞颜两个氏族，他们被其他突厥部落打败后只剩下两男两女，他们逃到了额尔古纳河畔一带

居住下来，生息繁衍。许多年以后，部落逐渐兴盛起来，并产生了许多分支。8世纪，由于人口的不断增长，为了更好的发展不得不向外迁徙，这时已分出70个分支了，这70个分支被称为"迭儿勒勤蒙古"。在迁出的蒙古人当中，有一位很有声望的人，名叫孛儿贴赤那，以他为首的迭儿勒勤蒙古自称为"乞牙惕氏"。

乞牙惕氏人迁徙到了斡难河源头肯特山一带，生活方式由狩猎转为游牧。据《蒙古秘史》记载，孛儿贴赤那的第十二世孙朵奔篾儿干死后，他的寡妻阿阑豁阿又生了3个儿子，传说这3个儿子是感光而生的"天子"，因为他们是从阿阑豁阿洁白的腰里出生的，因此他们的后裔被称为尼伦蒙古。在尼伦蒙古中，以孛端察儿为始祖的孛儿只斤氏就是成吉思汗的祖先。迭儿勒勤蒙古和尼伦蒙古，被统称为大蒙古，他们是原蒙古人。

居住在额尔古纳河山林里的蒙古部落，即蒙兀室韦，约在9世纪中叶进入草原，成为草原游牧部落。蒙古高原众多的部落长期相互抢夺，混乱不断，草原无安宁之日。

1162年，蒙古乞颜部首领也速该大败世仇塔塔儿人时，铁木真降生于额难河畔草原。

1170年，塔塔儿人，也速该为9岁的铁木真定亲，返回的路上被塔塔儿人毒害。

也速该死后的第二年春天，尼伦蒙古部落祭祖。泰赤兀部贵族遗弃铁木真一家。乌额伦母亲手举苏勒德，阻止部众离散。她还以折箭训子的故事教育孩子们要加强团结。

泰赤兀部贵族要趁"小鸟的羽毛没有丰满"之前剿杀铁木真。铁木真被抓后，在锁儿罕西日家的帮助下，从羊毛车里逃脱虎口。后来，铁木真家的8匹马被盗。他在追赶盗贼的途中，结识了忠实的那儿勃儿帖。

1170年，铁木真迎娶勃儿帖。

1171年，铁木真营帐遭蔑儿乞人的袭击，勃儿帖被抢走。1180年，铁木真联合王汗和扎木合，进攻蔑儿乞人，抢回勃儿帖。乞颜部离散的部众纷纷回归。

1189年，乞颜部贵族推举铁木真为蒙古部可汗。

13世纪初，成吉思汗统一蒙古高原诸部，建立大蒙古帝国。用新的千户制体系分一封人口，战败的部落如塔塔儿、克烈、乃蛮被瓜分到各千户。

这样，族属不同、社会发展不平衡且方言各异的部落在统一汗权统治下形成了具有共同地域、共同经济基础、共同语言和共同心理素质的民族共同体，即蒙古族。这个传说是否真实，没有人去考究它了。不过，关于蒙古族的族源问题的争论并没有停止。

关于起源的争论

我国最早的文献记载中，一般把蒙古族称为"鞑靼"。这一名称最早见于唐开元二十年的突厥文《阙特勤碑》，在汉文史料里最早见于李德裕的《会昌一品集》。清代的何秋涛则认为蒙古族来源于"铁勒"，而前苏联的学者俾丘林认为匈奴就是蒙古族的古名，这一说法在蒙古国颇为流行。

还有一种比较流行的说法，认为蒙古族起源于唐朝史书上记载的蒙兀室韦。这一说法是由日本史学家白鸟库吉在20世纪20年代提出来的。他认为，古书上记载的蒙兀，就是后来的蒙古，这一说法在我国产生了不小的影响。学者方壮猷就认为："溯其源，则女真、蒙古二族似同出唐之室韦民族。"

有一部记载蒙古历史的书叫《蒙兀儿史记》，其作者就直接称蒙古为蒙兀。最近出版的《蒙古简史》，也赞同"蒙兀室韦"说。多数学者认为蒙古族出自东夷族东胡一支。东胡，是包括同一族源、操有不同方言、各有名号的大小部落的总称。

据司马迁《史记》记载："在匈奴东，故曰东胡。"公元前5至前3世纪，东胡各部还处于原始氏族社会发展阶段，各部落过着"俗随水草，居无常处"的生活。

后来，蒙古族学者苏日巴拉哈又提出了自己的独特看法，他认为，蒙古族的历史可追溯至公元前20世纪，史书上的狄历、丁零、

铁勒、敕勒、高车、赤狄和白狄，都是这个民族的不同称号。

争论越多，难以形成一致的看法。关于蒙古族的族源问题，看来还得继续争论下去，直到有确凿的证据证明为止。

延 伸 阅 读

"蒙古"最初只是蒙古诸部落中的一个部落名称。13世纪初以成吉思汗为首的蒙古部统一了蒙古地区诸部，逐渐形成了一个新的民族共同体。"蒙古"也就由原来的部落名称变成为民族名称。

女真族是如何形成的

族源在哪里

女真族是古代生活在我国东北的一个部族，他们在山谷里用桦树皮和木棒建成小屋，屋内用泥土垒成炕，炕下可以烧火煮饭。妇女们把头发盘成发髻，男子脑后留发辫垂在后面。

一般认为，女真人的族源属于蒙古种。但是还有这样的记载："多黄发，鬓皆黄，目睛绿者，谓之黄头女真。"这样的描述像是对欧洲人的描述。

女真族的发展

在宋代以前，女真人是原始的、落后的，他们主要从事狩猎、养殖活动，也种植一些粮食作物。

唐贞观年间，韩朝来朝贺，唐太宗问其风俗，韩朝使者言及女真之事，从那时起内地的人们才开始知道了一些关于女真族的事。至北宋时期，女真族以完颜氏为核心迅速发展，在乌古迪担任首领时，引进了铁器，提高了社会生产力。

北宋末，阿骨打统一女真各部，建立了金政权，于1125年灭辽。明朝时女真人又一次崛起，分成建州女真、海西女真和野人女真三部。明朝末，他们被努尔哈赤统一，成为满族的主要组成部分。

女真族是个多部族吗

过去，人们常把女真族看作是承袭肃慎、挹娄、勿吉等部族的。这些民族生活的地域基本一致，都是在我国吉林省松花江流域到东部大海之间的广阔地区。在语言、种族特征及风俗习惯上也都存在着一致性。

与之不同的观点认为，肃慎、挹娄、勿吉、女真等部族不是简单的一脉相承，他们在语言、地域特征及风俗习惯上虽有某种一致性，但不能表明他们的民族源流的一致性。

其理由是，这些部族名称的出现虽有先后，但从史籍记载的情况看，它们不是交替出现的，有时是同时出现的。如《北齐书》就记有肃慎和勿吉同时来贡的情况。而在阿骨打统一女真族以前，前面提到的几个部族还没有形成一个统一的民族，而是分

散着的独立部落。

女真族在形成民族共同体的过程中，经过迁徙、并吞和融合，有其他民族的融入，也有融入其他民族的。比如金代他们就曾从中原掠去大批汉人，这些汉人都融入了女真族。同时，也有相当一部分女真人流入中原，被汉人所同化。这就是说，女真族不是简单地由肃慎、挹娄、勿吉发展而来的。但上述说法还有待于进一步考证。

延 伸 阅 读

女真族是我国古代生活于东北地区的古老民族，17世纪初建州，女真满洲部逐渐强大，首领努尔哈赤建立后金政权，至其子皇太极时期已基本统一女真各部，遂颁布谕旨改女真族号为满洲，逐渐形成了今天的满族。

真的有巨人族吗

巨人的传说

世界上是否真的有巨人族，是现在人们普遍关心的问题，也成为比较热门的话题。巨人的传说，在许多神话中都存在过，例如希腊、印度等古老的神话故事里就有。甚至一些古历史学家在著作中也提到过巨人的存在，这就不能不让人认真地思考巨人是

否曾在这个世界上存在过。

在历史学家西罗多德的《波斯战史》中，记载了发现身长2.5米的人体骨骼的事情，而这件事距今约为2400年。巨人的身高与我们今天的最高者也差不了多少，因此，一些古人类学家从已经绝迹的直立猿人和大型猿人的考察角度提出，巨人族在地球某一特殊地区还可能存在。

巨人族的证明

有迹象表明在100万年以前，巨人族确实存在过。1966年，印度生物学家在离新德里116千米的地方，发现了酷似人类骨骼的骨头，其身长竟有4米，肋骨就长达1米。

对这些骨头所做的科学鉴定证实，这是100万年前的大型猿人骨骼。看来似乎从100万年前至距今数千年前的这段时间里，巨人族是一直存在着的。

美国内华达州垂发镇西南35千米处，有一个叫作垂发洞的山洞。据在这里生活的源龙特族印第安人的传说，很久以前，他们曾受到一些红发巨人的威胁。这些巨人高大，十分凶悍。他们战斗了多年，才把巨人赶走。

这些传说一开始并没有引起人们注意。1911年，一些矿工来到垂发洞挖掘鸟粪之，竟发现了一具巨大的木乃伊，身高达2.2米，头发红色。

木乃伊的发现引起了科学家的注意，当然也就引发了巨人族有无的大争论。

巨人存在吗

多年前，巴西一位科学家奥兰多推托里奥在圭亚那高原原始

森林中探险时，意外发现6群平均身高2.5米左右的巨人族。

19世纪末，一位学者在马来半岛探险，听说当地有巨人便深入到半岛腹地考察。虽然没有亲眼见到巨人，但看到了据说是巨人们使用过的棍棒，这些棍棒几个普通人也拿不动。

也有人反对巨人存在的说法。在爪哇、非洲东部和南部、中国南部等地发掘出土的许多直立猿人和大型猿人的遗骨，并不被看成是人类，考古学家只把他们划入类人猿的一种，而不是人类的直系祖先。

苏联一位学者雅基莫夫博士根据这些类人猿骨骼的大小，推算出他们的体重在500千克以上，由于头盖骨和大脑的生长跟不上躯体的发展就逐渐停止进化，没有进化为人类。

巨人居住的巨人岛

在遥远的西印度群岛中，有个岛在浩瀚的加勒比海上，叫作"马提尼克岛"。

岛上有一种很奇怪的现象：当地的居民一个个身材高大，而到这个岛上定居的外地人，哪怕是已经不再长高的成年人，也都会无例外的再长高几厘米。

而且，不仅是人，连岛上的动物、植物和昆虫的体积也相当大。特别是这个岛的老鼠竟长得像猫一样大。

有一个记者在游览了这个岛之后写道：

来到这里，就仿佛进入了童话中的巨人世界，男的身高两

米多，这里10多岁的男孩比岛外的普通的成年人还要高很多。

在他们的眼中，我们好像是从小人国来的。他们用惊奇的眼光向下围着我看，就好像我是一个玩物。这个小岛上为什么会有这样奇怪的现象？

因为这种现象，巨人岛之谜吸引了许多科学家不远万里来到该岛进行长期的考察和勘测，并且提出了许多假说和猜测。

有人认为，可能有一只飞碟或是其他天外来物坠落在这个岛上，从而使该岛产生一种不明的辐射光能让生物迅速增长。

　　有一些科学家认为，这个海岛上一定埋藏着很多的放射性矿物。而这种放射性物质能够使人的内部机能发生某种特别的变化，因而导致人体增高。

　　还有一些科学家，发表了新的观点：他们认为，因为这里地心引力很小才让人的身体长高。例证是前苏联的两名宇航员在飞船脱离轨道后，在它的复合体中困留了长达半年，最后获救时每人的身高都增加了3厘米，这是因为失重和引力减少的作用。

　　可是这几种理论都不能让人信服。因为没有确切的资料证明有不明物体落在这个岛屿上，就算是有也无法证明就和让人长高有关。

　　如果因为放射性物质的作用就会使人长高的话，那么，为什么长年生活和工作在放射性物质旁的人却没有显著长高的具体实例呢？

　　如果引力小就会使人长高，

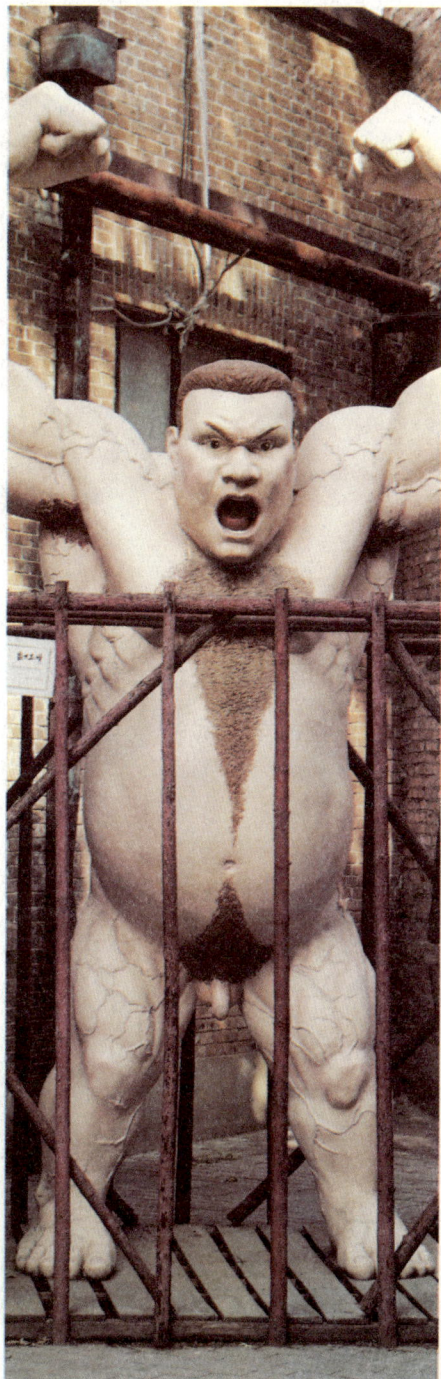

为什么地球上别的引力也很小的地方却没有形成第二个巨人国？

对于巨人岛，科学界也不能给出一种很合理的解释，至今也没破解这些谜底，或许这只是自然和地理搞的鬼，不过是谁也无法说得清楚的。

延 伸 阅 读

1912年，美国一群牧场工人去内华达州的荒凉洞穴挖掘蝙蝠粪当肥料，当他们挖至3米至4米时发现了奇特工艺品，并发现了红发巨人的木乃伊。这些巨人约两多米高，他们大多类似埃及木乃伊，有长至肩膀的红色长发。

安达曼群岛人来自哪里

神秘的民族

在孟加拉湾东海上的安达曼群岛,居住着一个古老、奇特并与外界隔绝的神秘民族。这里的人面部阔,鼻梁直,皮肤颜色像煤炭一样黑,或呈稍带微红的茶色,头发黑短而略卷曲。他们身材较矮小,从人种学方面来考察,关于这个民族的起源问题,学

术界的看法不一，目前尚难以定论。

原始社会氏族制

以血缘关系为纽带的氏族是他们社会的基本细胞。氏族成员共同居住，共同劳动。在氏族内部，除个人日常使用的工具之外，所有生产资料都为集体所有，生产和消费都建立在严格的集体原则上。全体成员的集会是最高权力机关，一切重要的事都由氏族议事会讨论决定。以男子为中心，按男子血统计算世系。

氏族的首领由年长的男子担任并受到高度尊敬。氏族成员有相互援助的义务，在同一氏族内的成员受到外族人伤害时全氏族人要帮助复仇。每个人在氏族里都有自己的名称，有共同的宗教信仰，共同的墓地。部落之间有比较明确的领域，并且以统一的方言和宗教观念相联系，每个部落都有部落的酋长。

各氏族首领组成部落议事会，一切问题由部落议事会决定。他们往往把某种动物或植物视为自己的亲族或祖先来加以崇拜，这种崇拜就是图腾崇拜，图腾崇拜与自然崇拜相结合，就形成了把代表自然力量的神看作是具有图腾形式的宗教观念。

民族的起源问题

有学者认为，这个民族起源于史前时期，是远古内格里托人的后裔，也有人认为，这个民族起源于非洲撒哈拉沙漠以南的尼罗格人种，也就是指黑色人种。这些学者认为，这个民族与居住在非洲刚

果和安哥拉密林中的俾格米人是同类人种，同属世界上最矮小的人种。但若真是俾格米人种，那么在远古时代，他们是怎样从非常遥远的非洲来到亚洲的呢？这是令考古学家和人种学家们一直迷惑不解的问题。

延 伸 阅 读

安达曼人是南亚印度少数民族集团。居住在印度安达曼群岛。分为四大民族，四个民族部落人数极少。大安达曼人原分10个部落，每个部落占有一定的区域。部落之下分为若干地方集团，由头人管辖。

伊特拉斯坎人为何消失

神秘的伊特拉斯坎人

伊特拉斯坎人自称拉森人，希腊人称之为第勒尼安人，拉丁人则称之为伊特鲁里亚人。他们居住于台伯河、阿诺河流域和亚平宁山脉之间的中意大利，即拉丁文称作伊特鲁里亚的地区。

伊特拉斯坎人是意大利半岛北部及西部伊特鲁里亚地方的民族，在公元前3世纪以前的数百年间曾盛极一时。后来，罗马崛起，伊特拉斯坎文化也就随之湮灭了。在意大利各处发现的大批伊特拉斯坎人墓葬，挖掘到不少这个往日一度昌盛的民族的工艺精品。但是，伊特拉斯坎人在各个消失的文明中，仍然是最神秘的。

伊特拉斯坎人统治意大利半岛大部分地区至少300年，后来才被势力渐大的罗马人赶走。伊特拉斯坎人制造了许多精美艺术品，并

且到处旅行，广开贸易，当时意大利各邻邦仍然只靠农牧为生。希腊人和罗马人都推测过伊特拉斯坎人的来源。他们的艺术带有奇异的东方色彩，语言与地中海地区西部其他语言完全不相似。伊特拉斯坎人善于航海，与希腊、北非及近东均有广泛的贸易往来，所以不知是从哪个地方迁来定居的。

伊特拉斯坎人的起源

关于伊特拉斯坎人的起源问题，有东来说、北来说和原住民说等，一直争论不休。较有说服力的是：伊特拉斯坎人吸收了许多外来因素，并使之与本地因素结合起来，逐渐形成了伊特拉斯坎民族。其形成时间是从青铜时代向铁器时代过渡的时期，约公元前10世纪左右。

伊特拉斯坎人的起源自古以来就是有争论的问题。例如古希

腊作家希罗多德认为，伊特拉斯坎人起源于一支800年前的民族，这支民族由小亚细亚侵入伊特鲁里亚，征服了当地铁器时代的原住民，并建立了统治势力。然而哈利卡纳苏斯的狄奥尼修斯却认为伊特拉斯坎人是意大利地区的原住民。这两种理论以及第三种19世纪的理论经证明都有疑问，今天的学术讨论已将其焦点从讨论伊特拉斯坎人的起源转变为论述伊特拉斯坎民族的形成。

无论怎样，公元前7世纪中期，一些主要的伊特拉斯坎城镇即已建立起来。他们在进抵北部的阿尔诺河并将全部托斯卡尼置于其统治下之前，曾发动多次军事征服行动，最初可能是由各个城市单独进行的，并非联合行动。迫切的扩张动机是因为在这个世纪中期，希腊人不仅已控制科西嘉、西西里和意大利南部，而且定居在利古里亚海岸和法兰西南部。

罗塞达碑的奥秘

我们对古埃及社会了解的比较多，对伊特拉斯坎人知道的比较少，原因是至今尚未发现一块伊特拉斯坎人的罗塞达碑，也就是在19世纪以前，没有一位学者能破译古埃及的象形文字，所以觉得古埃及历史、文化高深莫测。

后来，在尼罗河罗塞达附近发现一块石碑，刻有象形文字，并且附有希腊文译文。于是，古埃及文字的奥秘就揭开了。像罗塞达碑的伊特拉斯坎文献至今尚未发现，仅有一些载有墓主姓名、身份的墓碑之类的铭刻。对这些铭刻，学者仅能识别其中的若干单词，而对其字体结构和语法结构所知极少。

这种语言看起来与希腊文或拉丁文似乎并无关系。如果语言学家能够破译，那么从现存不太多的文字资料，加上与其他地方语言的关系，就有可能解开自古以来人言人殊，莫衷一是的伊特拉斯坎人来源之谜。

19世纪末，考古学家在一具木乃伊的裹布上发现一篇用伊特拉斯坎文写的文章，共216行，好像是某种宗教传单。自从德国专家鉴定木乃伊裹布上的文字确是伊特拉斯坎文以来，有不少专家热切地探索这谜一样的文献，但至今仍未掌握伊特拉斯坎语言的密码。

发现两块金牌

1964年，在罗马伊特拉斯坎神庙，著名的伊特拉斯坎研究专家，意大利的帕洛蒂诺教授挖掘出3块金牌，其中两块上刻有宝

贵的伊特拉斯坎文，另一块刻有古迦太基文，而古迦太基文是语言文学家已经通晓的文字。这是不是专家们要找的文物呢？那块刻有古迦太基文的金牌，是否就是两块伊特拉斯坎文金牌或其中一块的译文呢？

延 伸 阅 读

　　伊特拉斯坎人自称拉森人，他们居住于台伯河、阿诺河流域和亚平宁山脉之间的伊特鲁里亚的地区。伊特拉斯坎人吸收了许多外来因素并使之与本地因素结合起来，逐渐形成了一个与众不同的独特民族。

犹太人为何进入我国

犹太人流浪的生活

从民族宗教的角度讲，犹太群体原来是居住在阿拉伯半岛上的一个游牧民族，最初被称为希伯来人，意思是"游牧的人"。

根据记载他们历史的《圣经·旧约》传说，他们的远祖亚伯拉罕原来居住在苏美尔人的乌尔帝国附近，后来迁移到迦南，即今以色列和巴勒斯坦一带。

他有两个儿子，嫡幼子以撒成为犹太人祖先。根据《圣经》和《古兰经》的记载，以撒与侍女夏甲所生的庶长子以实玛利的后代就是阿拉伯人。所以在原始血缘上，犹太人和阿拉伯人很近。

犹太人的先祖长期在阿拉伯半岛大沙漠边缘的一些绿洲中过着游牧生活。1世纪，罗马帝国攻占巴勒斯坦后，犹太人举行过多次大规模反抗罗马占领者的起义，但都遭到了罗马统治者的血腥镇压。

他们不仅在困境中顽强地繁衍生息，而且逐渐地富有起来。但恶劣的生活环境，迫使他们不得不到处迁移。直至公元前13世纪，杰出领袖摩西才率领本族人返回故乡。

在返回故乡的这段时间里，犹太人的政治、经济、文化和宗教都得到了很大发展。可时间不长，新兴罗马帝国的铁蹄踏上了这片土地，把耶路撒冷夷为平地。

至135年，犹太人起义再次惨遭失败。罗马统治者屠杀了数百万犹太人，最后还把余者全部赶出巴勒斯坦土地，使他们流散到西欧。

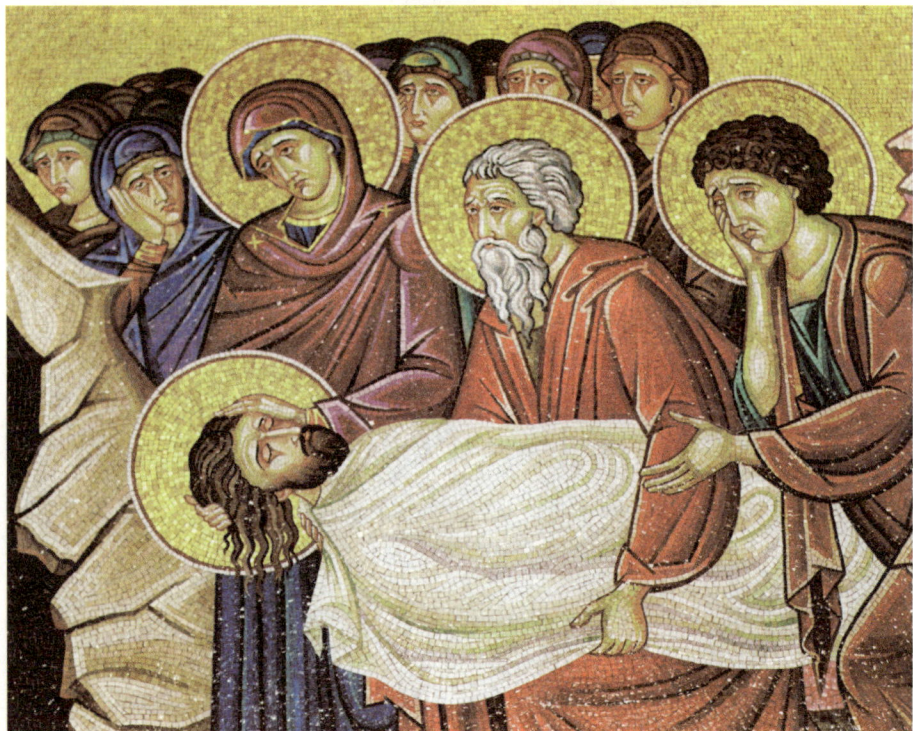

西欧当时完全处于落后的小生产农牧社会，土地被人们视为最珍贵的财富，商业则是人们鄙视的行业。

犹太人逃往西欧后，当地封建主们非常歧视他们，不许他们占有土地，只许他们经营商业。不知是历史过错教育了他们，还是生死磨难砥砺了他们，或者说这本来就是历史赋予的机遇。总之，由这一切所构成的历史集合体，铸就了犹太人的特质，使得他们聪明起来，坚强起来。

在我国也留下了犹太人的足迹。但犹太人是什么时候踏上我国这片土地的，这是学术界一直争论不休的一个问题。归纳起来，大致有以下几种观点。

犹太人在周朝进入我国

据康熙二年的《重建清真寺记》中说，犹太教在周朝传入我国，其教士就住在当时的河南一带。罗马教士法国人西盎涅、本勃瑞奇、高德贝等人都接受这种说法。他们认为，在那个时代以色列旅行家旅行到我国是很有可能的。《圣经·以赛亚书》上说的希尼，就是我国的"秦"，这个"秦"不是后来的秦朝，而是周朝的诸侯国。犹太人早期的历史和传说与我国周朝的历史和传说有不少类似的地方。

高德贝认为，《圣

经·阿摩司书》中讲到早在公元前8世纪时，犹太人就开始使用丝织的东西，而那时只有我国有丝织品，这些丝织品应该是从我国输入的。

犹太人在汉代进入我国

古代的文献记载仅见于《正德碑》："教自汉时入居中国。"此外还有一些口头传说。

清朝耶稣会士勃洛底耶把另一会士宋君记录访问开封的信和另外两个会士所写的同性质的信件辑成《犹太人中土定居录》，书中写道："这些犹太人说他们的祖先是在汉朝明帝在位的年代进入中国的。"

这种说法流传很广，罗马教士艾德金斯、米希各甫斯基等人，都认为犹太人是汉代进入我国的。诺耶说得比较具体，他

说："虽然早在周朝犹太人就与中国人有了商业上的往来，但大批的以色列人入居中国，则是在汉代。"

犹太人是唐宋来华的

有出土文物支持这种观点。在唐代墓葬中出土的陶俑，有一些面貌很像闪米特人，而犹太人就属于闪米特人。20世纪初，在新疆曾出土过两件文字残片，都是希伯来文，经鉴定是唐代文物。这些都是犹太人在唐代来华的有力证据。

不过也有一些西方学者认为，在宋代以前，不会有大批犹太人进入我国。法国汉学家沙畹认为，周代说和汉代说都是些模糊的印象之辞，真正准确的资料要到北宋时才有。

历史学家陈垣先生也认为，唐代虽有犹太人到我国来，但那是为了贸易，不过暂住一时，未必永久居住，开封的犹太人是宋

朝以后才来的。犹太人是世界上分布最广的民族，弄清他们是何时进入我国的，对于澄清许多历史问题，都是大有帮助的。但要想使这一问题真相大白，还有待于学者们继续努力。

延　伸　阅　读

　　开封犹太人在中国生存了7个世纪，留下了许多值得考察的文献，开封犹太人先后归顺了金、元、明、清4个朝代的统治，只是期间吸取了太多中国文化元素，再加上和汉族的通婚，逐渐被淡化了。

我国先民为何去美洲

我国文化在国外

我国与美洲远隔重洋，在交通不发达的古代是无法进行来往的。但是，近些年美洲的一些考古新发现，越来越多的证据证明我国先民很早就踏上了这块土地。

在墨西哥曾出土一种陶制人头像，完全是亚洲人的脸形，并且头上戴的是我国早期的冠帽。据考古学家鉴定，其年代大约

相当于奥尔梅克文化时期，约公元前10世纪至公元前3世纪。此外，还出土了一些巨石头像，带有头盔，其面部特征也有些像蒙古人种。

在位于洪都拉斯西部边境的科潘玛雅古迹遗址中，出土了一种立柱式浮雕像，其面部特征同我国人极为相像。

在美洲，还发现了一些文字。墨西哥考古学家威勒在墨西哥南部的德弟瓦坎发掘出一块玉璧，上面书写着汉字。墨西哥专家罗曼·门那鉴定后认为这是一块我国汉玉，埋在地下已超过1000年。在墨西哥西部靠近太平洋的地方还出土了一种特殊陶片，上面有23个图形。台湾学者卫聚贤认为，这是殷纣王失败后，其遗民东渡美洲后刻下的文字，表示其不忘故土之意。

1988年4月，考古学家克拉贝在秘鲁首都利马东郊发现了一具木乃伊，随葬品中还有两匹马，一辆马车，以及绘制精细的我国地图和秘鲁地图。木乃伊旁还有一些陶器，上面绘有印第安女子向一名东方男子顶礼膜拜的图像。

克拉贝认为："从种种迹象看，那是一名中国男子，他抵达秘鲁后可能成了当地印第安人的国王。"

他还指出，数百年后该地区出现了神奇的印加文化，这一文化，很可能就是由这位不明身份的中国人带来的文明种子而孕育出来的。

洛杉矶怪石

1975年，美国潜水员梅尔斯特里在洛杉矶附近海里发现一块形如轮胎的怪石，重250千克。他与伙伴继续寻找，又得到了8块怪石。经过鉴定，"怪石"是5块石锚、2个石枕和1个石码。

1976年，类似的怪石发现达到30多块。这些石块从何而来？

美国加利福尼亚大学印第安文化权威克莱门特·米恩认为，这种石块显然不是印第安人制造的。美国地质学家皮尔逊和詹姆斯·莫里亚蒂经过研究指出，这类石料为砂岩，不存在于美洲太平洋沿岸。

美国学者还在我国华南沿海找到了这种石料，并在我国文献里找到了2000多年前的航海记录，当时的船只习惯于用石锚。其形状和洛杉矶浅海发现的石锚相同。可以肯定，这是我国华南地域人早先到达美洲时留下的。学者们对石锚表层的锰进行测定，厚达3毫米之多。锰在石头表面的积累是1000年1毫米，故可断定我国南方人是在3000年前到达美洲的。

那古代人是用什么工具横渡太平洋的？是什么力量促使他们背井离乡前往异域的？他们和当地的印第安文明究竟有什么关系？为什么宋元以后就停止了对美洲的访问？

传播论者

从18世纪中叶起，国内外史学界对古代中国与美洲的交往问题进行了多次讨论。自20世纪50年代开始，这一问题又成为人类学和考古学的一个重要课题。

也就在这个时候，出现了一些认为外界影响在美洲文化形成过程中起重要作用的学者，被统称为传播论者。

传播论者认为，古代世界的发明创造是极少的，只有在特定的文化、历史和环境等因素的综合作用下，才会导致发明创造。

由于导致发明创造的各种特定因素不可能在不同的时空中重复出现。因此，不同地区所存在的相似的文化特征一定是相互传

播的结果。不同文化之间的传播，会引发新的发明。

　　不过，从材料来看，还不能完全解决古代中国与美洲的交往问题。即使与美洲确实存在着某种形式的交往，那也是极其偶然的。要想解决这个问题还需要更多的证据来加以证明。

延 伸 阅 读

　　1997年，美国"美洲科学发展学会"年会认为，美洲古文明至少已有12500年的历史。电脑模拟显示：美洲最早的人类大约40000年前从亚洲移来，而非原来认定的10000年至20000年间。

地球上的人种和部落

奇异的人种

近年来，人们发现在地球上除了生活着的黄种人、白种人和黑种人外，世界上还生活着一些其他肤色的人。

在非洲，发现一种绿色人种，他们全身的肤色像草一样翠绿，连血液也呈绿色。这个人种仅有3000余人，至今过着穴居的原始生活。

在撒哈拉沙漠，还生活着一种人数很少的蓝种人。蓝种人极

力避开同其他人种接触，探险队员正在设法查清他们的生活习惯，以及他们的人口数量。阿拉伯尼坦斯人更为落后，每个人都还拖着一条没有完全退化掉的猩红的尾巴。他们居住在我国西藏和印度阿萨密之间一个叫巴里柏力的辽阔区域。

奇异的部落

除无法归属的稀有人种外，地球上至今还生存着另一些归属不明的部落。譬如，在澳大利亚，还有按石器时代生活方式生活的一些为数不多的原始人。他们身高1.83米，蓬松着头发，全身裸露。为寻求食物，他们世世代代游荡、飞奔和投掷。

他们的胳膊和腿都长得特别长，脚掌长而扁。澳洲沙漠白天温度达至40度，夜晚降至0度以下。为战胜这样悬殊的温差，他们就把干草树枝点燃起来，睡在燃烧的干草树枝之间。

在非洲刚果国伊图里热带森林里，居住着约40000姆布蒂人。这个部族的人身高1.22米至1.42米，体重不超过40千克，住房是用树枝和干香蕉叶搭成的椭圆小茅棚。建造房子和一切家务主要由妇女承担，男人主要负责寻找食物。猎象是他们的重大事件之一，由专门的猎手担任。

他们手持半米长的弓和涂有毒药的利矛，伺机轮番向大象进攻，直至把象杀死。每杀死一头象，全村的人就像过节一样喜气洋洋。

西藏地区的朱洛巴人和康巴人属于身材矮小的人种，身高一般在1.2米左右。以往，人们发掘欧洲猿人的骸骨，认为他们是现

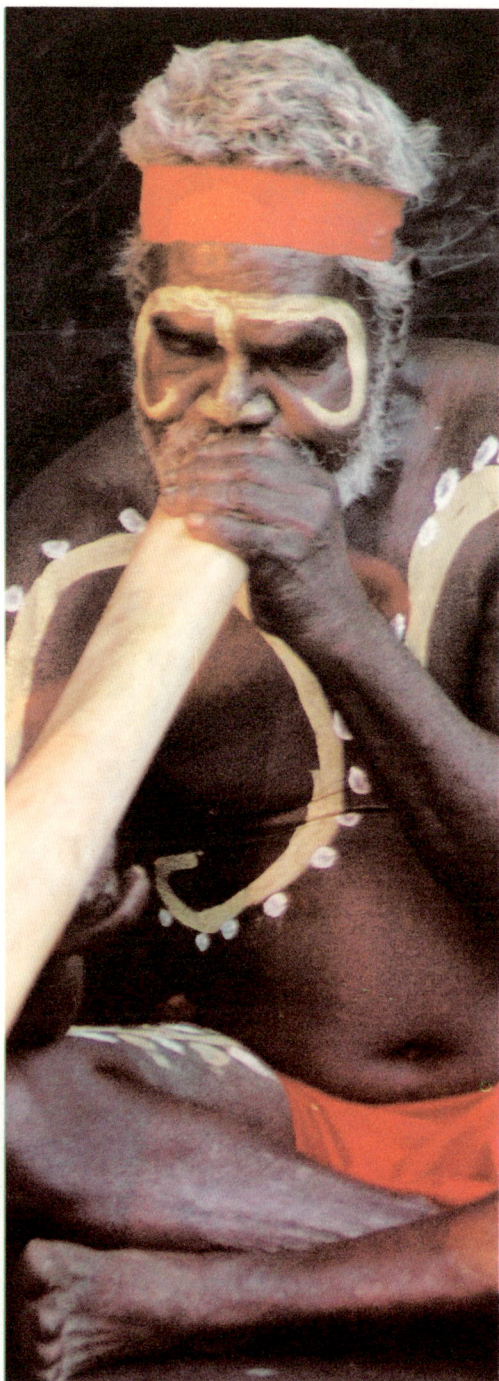

代欧洲人的祖先，其后发掘了亚洲猿人，也顺理成章地认为现代亚洲人是他们的后代，这种说法至1987年被美国加州大学的生化学家否定，已经站不住脚了。生物学家以基因作为立论的根据分析认为，在非洲确有两族人居住过，其中猿人一族因种种原因未能延续其后，而另一族向外迁出的则是我们的祖先。

由于他们不自相残杀，所以具备成为人类祖先的条件。不过，美国华盛顿大学遗传学家坦普尔曼认为，上述理论值得商榷，他认为加州生物学家的分析技术未臻完善。

延 伸 阅 读

科学家在智利发现了一种全身呈蓝色的人。这些蓝色人世世代代生活在海拔6000米的高山上，在这样的高山上，空气含氧量比海平面少50%，但他们依然能进行各种剧烈的体力劳动。

闻所未闻的民族

无名无姓的獠族

古代獠这个民族，是南蛮的一个少数民族，从汉中至邓川一带都有这个少数民族。其风俗是大多没有姓氏，也没有名字。凡是所生下的男女，只以长幼的次序来称呼，习惯称丈夫为阿

慕、阿段，称妇女为阿夷、阿第之类。

獠族人高兴的时候便群聚相欢，而发怒的时候则互相残杀，即使父子兄弟，也会用刀杀之。

女人没有乳峰的女人国

传说在东南亚一个小岛上有个女人国，这里的人容貌长得非常端正，肤色洁白，全身无毛，头发长到落地。

据说，每年1月的时候，她们竞相入水而怀孕，在6、7月便生下孩子。女人胸前没有乳峰，在脖子的后面生有几根毛，毛中有乳汁来哺育孩子。她们生下的孩子100天就能行走，过三四年就长大成人独立生活。

三条腿的怪异民族

在南太平洋群岛上居住着人人都长有三条腿的民族，这就是奥古拉达族。

他们的生活方式与三条腿密不可分，他们睡洞穴吊床，吊床中有一个洞，睡觉时让多出来的一只脚伸到下面。

家中见不到椅子，他们的第三条腿可充当椅子。由于他们多了一条腿，因此游泳、跑步都很快，并且具有特殊的爬树功能。他们经常玩儿的游戏是踢椰子，运动速度非常快，两条腿忙于来回奔跑，第三条腿不断地踢着椰子果球。专家们说，这是世代承袭基因突变造成的。

听力非凡的民族

非洲马班族人能在90米外听到别人窃窃私语声。他们惊人的听力，是由于长期生活在没有噪音的环境中锻炼出来的。

　　另外，距离南非某地北部约3000米处，还有一个只能膝行的民族。该民族的人因为受一种病菌侵害，骨骼畸形软化，童年或少年时就开始爬行，但不影响他们的智力发育。

　　为什么会出现奇奇怪怪的民族？是因为人类的进化吗？还是因为生存环境造成的？这些问题有待于进一步研究。

延 伸 阅 读

　　哑巴民族：据媒体报道，生活在南美洲玻利维亚西部丛林中的印第安人，没有一个人会说话，他们只能用手势交谈。经检查，他们的喉咙与常人不同，声带的自然压缩部分不能发声，因而不能讲话。

吃生肉的民族

宴会吃生肉的民族

阿比西尼亚绝大多数人是北民族，他们早期的生活和埃及及地中海一带的欧洲人相近。这些亚木哈拉人生性凶猛，善于射击，是阿比西尼亚民族的主要成员。除亚木哈拉人之外，还有两

种人在国内势力也不小。其一是高额角的加拉人，另外一种是达那歧尔人。此外，在东部边境，还有从叶门移来的索马利人。西部地带也有许多黑种人，北部则有少数的法拉沙人。

由于种族复杂，阿比西尼亚人的肤色极不一致，有的像墨漆一样黑，有的则黑里带黄，有的白得和欧洲人差不多。这里的人虽然种族复杂、肤色各异，但是他们主要的食物都是生肉。每逢皇帝或女皇赐宴的时候，全体战士都坐在大院子的地上，仆人们把血淋淋的生兽肉端来，每个客人轮流拔出刺刀来，向宫廷恭恭敬敬地鞠个躬，然后就咬住那块生肉，用刀紧贴鼻子切下一块来。在盛大的宴会上，往往需要大量的生肉供食用。

吃生肉的北极圈黄种人

生活在北极附近的土著人，即因纽特人，他们是地地道道的黄种人。因纽特人同亚洲的黄种人有所不同，他们身材矮小粗壮，眼睛细长，鼻子宽大，鼻尖向下弯曲，脸盘较宽，皮下脂肪很厚。粗矮的身材可以抵御寒冷，而细小的眼睛可以防止极地冰雪反射的强光对眼睛的伤害。

因纽特人耐寒抗冷的另一重要原因是日常所食的都是些高蛋白、高热量的食品。因纽特人的确喜欢吃生肉，而且他们更喜欢食用保存了一段时间并稍腐败的肉，因纽特人传统观点认为，将

肉做熟，实在是对食物的糟蹋。因纽特人的传统食谱全是肉类，如海洋里的鱼类、海豹、海象以及鲸类，陆地上的驯鹿、麝牛、北极熊，以及一些小动物。他们为何吃生肉？真正的原因人们还不知晓。

延 伸 阅 读

在西伯利亚人吃的生鱼、生肉中，著名作家莫泊桑笔下的玛蒂尔德向往的那种粉红色鲈鱼最好吃！鲈鱼一经打捞上来，为便于短期保存，先用浓度不大的盐水腌制过后，再运送到国内外各处销售。

北极的爱斯基摩人

生存条件

一般认为，冰天雪地的北极是不可能有人类居住的，然而就有一个谜一样的民族生活在这里，这就是爱斯基摩人。就生活环境的恶劣程度来说，没有任何一个民族能比得上爱斯基摩人。在他们周围，永远是冰天雪地，一年之中，要想找到几个没有冰雪的日子，那简直比登天还难。

他们用石块和冰雪建造起半地下的房子，唯一光源是海豹油

灯或鲸油灯，取暖只能靠自身的热量。一年之中就有6个月是太阳迟迟不肯露面的昏天黑地，他们忍受着极夜的寂寞，接着便是太阳迟迟不落的漫漫白昼。为了生存，他们不得不长途迁徙。从亚洲东北部的西伯利亚，到北美的阿拉斯加，再从阿拉斯加到加拿大的北部陆地，直至格陵兰周边的岛屿和山地，都有爱斯基摩人的存在，他们把北极当成了自己的家。对于这样一个神秘的民族，人们不禁要问，他们的祖籍在何方？他们为什么能在北极这样极其艰苦的环境中生存下来？

与中国人相似

刚一见到爱斯基摩人，很多人都会大吃一惊，他们和我们中国人长得太像了！

如果让一个爱斯基摩人走在中国的人群之中，谁也不会认出他是爱斯基摩人。此外，从生产、生活、文化、风俗和宗教等方面看，他们也与我国的鄂伦春族几乎别无二致。

有人还从考古学的角度找到了爱斯基摩人与我们有某种神秘联系的证据。从西伯利亚和阿拉斯加发现的楔形石核和细石器工具对比看，东亚和北美在石器时代确实有一个弧形的"古北区文化带"。以楔形石核为主要类型的石器，制作工艺与我国华北虎头梁、内蒙古扎赉诺尔出土的石器极为相似。

有人还发现，北京山顶洞人的头颅特征与爱斯基摩人和美洲印第安人的头颅极为相似，人们由此推断，他们之间一定有某种血缘关系。

古亚洲人的迁徙

有人分析，大约在35000年前，古亚洲人开始向亚洲东北部迁徙。迁至北美的古亚洲人大约在阿拉斯加生活

了近千年，然后开始南迁，逐渐成为印第安人的先祖。

还有一部分古亚洲人逐渐占据了阿拉斯加的北海岸和西海岸，成为爱斯基摩人的先祖。他们在这里学会了捕猎海洋动物，锻炼了适应冰雪和寒冷环境的能力。

大约在公元前2000年左右，爱斯基摩人从阿拉斯加开始了两次大迁徙，进入了加拿大北部和格陵兰。

也有人认为，爱斯基摩人的祖先来自中国北方，大约是在一万年前从亚洲渡过白令海峡到达美洲的，或者是通过冰封的海峡陆桥过去的。

他们认为，爱斯基摩人属于东部亚洲民族，与美洲印第安人不同之处在于具有更多的亚洲人的特征。他们与亚洲同时代的人有某些相同的文化特色，例如用火、驯犬及某些特殊仪式与医疗方法，分别居住，社会以地域集团为单位。

　　另外，从白令海峡到阿拉斯加、加拿大北部，经格陵兰岛一带，在北极圈生活着蒙古人种的一个集团。他们在身体上，文化上都适应于北极地区的生活。其面部宽大，颊骨显著突出，眼角皱襞发达，四肢短，躯干大，而且生理上也适应寒冷。但是，外鼻比较突出，上、下颚骨强有力地横张着，因头盖正中线像龙骨一样突起，所以面部模样呈五角形。由于他们能克服极端的环境生活，在人类学上已引起注意。

爱斯基摩人的来源

　　也有人从另外的角度来探讨爱斯基摩人的来源问题，认为爱斯基摩人是被美洲的印第安人从加拿大的北部湖区赶到北冰洋地区的。他们在与印第安人的冲突中被打败，便撤退到偏远的极北

地区，从而开始了一个新的文明。

爱斯基摩人一代又一代迁往北极圈而不肯走出来，就是因为印第安人阻止他们南下。

还有人认为，爱斯基摩人不一定出自同一个祖源，而是由多个祖源汇集而成的。爱斯基摩人的来源始终还是一个谜。

延 伸 阅 读

爱斯基摩人是北极地区的土著民族。分布在从西伯利亚、阿拉斯加到格陵兰的北极圈内外。分别居住在格陵兰、美国、加拿大和俄罗斯。属蒙古人种北极类型。他们先后创制了用拉丁字母和斯拉夫字母拼写的文字。

傣族的求偶方式

傣族青年的求爱方式

每逢节日来到的时候，傣族的年轻姑娘们便把自己家的鸡杀了，放上香茅草、姜、葱、蒜等佐料煮炖。然后，盛在小盒里摆到场坝上去卖，等待自己喜欢的小伙子来买。

如果来买鸡肉的小伙子是姑娘所不喜欢的，姑娘会加倍地要价。小伙子见此情景，就会知趣地离去。要是姑娘爱上这个小伙子，情况就大不相同了。当两人的目光相遇时，姑娘就会害羞地低下头，躲避小伙子的目光。

姑娘与小伙子的对话

这时，小伙子便会问道"妹妹！你做的鸡肉怎会这样香呀？是不是有客人预先定做的？"

姑娘便会答道："哥哥！我这盆鸡肉放的是最普通的香茅草，最普通的辣椒和盐巴，只不过是加上了我的一颗炽热的心罢了。如果哥哥不嫌弃的

话，就请来品尝吧！"

小伙子如果有意，就会说："我们俩一起分吃鸡肉会有味道。"为了避开众人的眼睛，姑娘接着说："这里人多嘴杂，干脆我们抬到林子里去吃，那里又凉爽，又安静。"

于是，两个人就端着鸡肉，搬起凳子，走进安静的林子里，相互倾吐起爱慕之情。

延 伸 阅 读

傣族青年男女谈恋爱的方式很多，傣族盛行一种叫"串卜少"的活动。即未婚的小伙子在节日或集会等场合，寻找未婚姑娘谈情说爱。这种活动一般都在泼水节、赛龙船、赶摆等时节进行，男女青年载歌载舞，从傍晚开始，直至深夜结束。